QING SHAO NIAN KE XUE TAN SUO YIN

青少年科学探索

科学发现跟踪

余海文 编著　丛书主编 郭艳红

天文：太空深处的发现

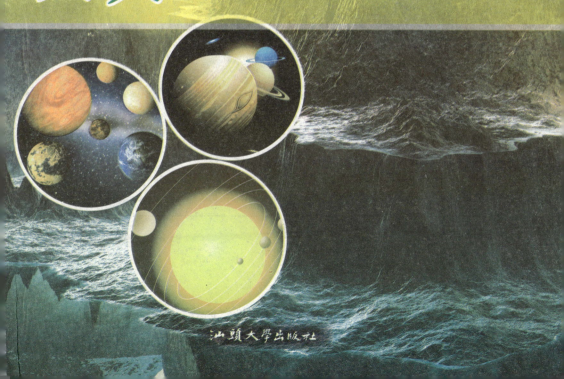

汕头大学出版社

图书在版编目（CIP）数据

天文：太空深处的发现 / 余海文编著. -- 汕头：
汕头大学出版社，2015.3（2020.1重印）
（青少年科学探索营 / 郭艳红主编）
ISBN 978-7-5658-1672-7

Ⅰ. ①天… Ⅱ. ①余… Ⅲ. ①天文学－青少年读物
Ⅳ. ①P1-49

中国版本图书馆CIP数据核字(2015)第027369号

天文：太空深处的发现　　　　　TIANWEN：TAIKONG SHENCHU DE FAXIAN

编　　著：余海文
丛书主编：郭艳红
责任编辑：汪艳蕾
封面设计：大华文苑
责任技编：黄东生
出版发行：汕头大学出版社
　　　　　广东省汕头市大学路243号汕头大学校园内　邮政编码：515063
电　　话：0754-82904613
印　　刷：三河市燕春印务有限公司
开　　本：700mm×1000mm 1/16
印　　张：7
字　　数：50千字
版　　次：2015年3月第1版
印　　次：2020年1月第2次印刷
定　　价：29.80元
ISBN 978-7-5658-1672-7

前　言

　　科学探索是认识世界的天梯，具有巨大的前进力量。随着科学的萌芽，迎来了人类文明的曙光。随着科学技术的发展，推动了人类社会的进步。随着知识的积累，人类利用自然、改造自然的的能力越来越强，科学越来越广泛而深入地渗透到人们的工作、生产、生活和思维等方面，科学技术成为人类文明程度的主要标志，科学的光芒照耀着我们前进的方向。

　　因此，我们只有通过科学探索，在未知的及已知的领域重新发现，才能创造崭新的天地，才能不断推进人类文明向前发展，才能从必然王国走向自由王国。

　　但是，我们生存世界的奥秘，几乎是无穷无尽，从太空到地球，从宇宙到海洋，真是无奇不有，怪事迭起，奥妙无穷，神秘莫测，许许多多的难解之谜简直不可思议，使我们对自己的生命现象和生存环境捉摸不透。破解这些谜团，有助于我们人类社会向更高层次不断迈进。

　　其实，宇宙世界的丰富多彩与无限魅力就在于那许许多多的难解之谜，使我们不得不密切关注和发出疑问。我们总是不断地去认识它、探索它。虽然今天科学技术的发展日新月异，达到了很高程度，但对于那些奥秘还是难以圆满解答。尽管经过古今中外许许多多科学先驱不断奋斗，一个个奥秘被不断解开，推进了科学技术大发展，但随之又发现了许多新的奥秘，又不得不向新问题发起挑战。

宇宙世界是无限的，科学探索也是无限的，我们只有不断拓展更加广阔的生存空间，破解更多的奥秘现象，才能使之造福于我们人类，我们人类社会才能不断获得发展。

为了普及科学知识，激励广大青少年认识和探索宇宙世界的无穷奥妙，根据中外最新研究成果，编辑了这套《青少年科学探索营》，主要包括基础科学、奥秘世界、未解之谜、神奇探索、科学发现等内容，具有很强系统性、科学性、可读性和新奇性。

本套作品知识全面、内容精炼、图文并茂，形象生动，能够培养我们的科学兴趣和爱好，达到普及科学知识的目的，具有很强的可读性、启发性和知识性，是我们广大青少年读者了解科技、增长知识、开阔视野、提高素质、激发探索和启迪智慧的良好科普读物。

目 录

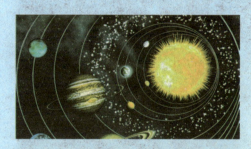

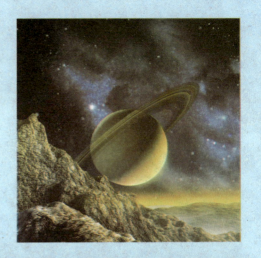

金星的自转方向

金星的自转

　　金星的自转非常缓慢，周期为243天,比它的公转周期还要长。金星的自转方向与别的大行星相反，即自东向西旋转。究竟是什么原因造成金星的逆向旋转呢？至今这还是一个谜。

在太阳系已发现的八大行星之中，有七颗行星自转方向是顺时针自转，只有金星的自转方向与众不同，呈逆时针方向。也就是说，如果人类生活在金星上的话，人们看到的太阳将是西升东落。金星一般被人看作是地球的姊妹星，它的自然条件与地球非常相似。

金星距地球1.08亿千米，位于地球的内侧。公转一周是

224.71天，自转周期由于测量困难，所以得出的数据很不统一。有人计算出是23小时20分，有人认为是几十天，还有人认为和它的公转周期相同，也是243天。后来经过长期的观测，才测得它的自转周期是117天。

科学家的看法

对金星逆向自转的机制，存在两种看法，一种认为金星曾经是顺向自转的，在演化过程中，自转方向倒转。这种说法难以提出令人信服的论据。另一种看法认为，金星的逆向自转有其宇宙的成因，问题是在于找出维持这种逆向自转机制的原因。

让我们用万有引力切向分量的理论试分析金星逆转的机制。由于太阳自转产生切向分量的涡旋力，由于金星公转速度及自

转，使金星受到的太阳涡旋力大大减少，但还是有太阳涡旋力作用于金星，在金星的近日点大于远日点，由于近日点和远日点这对力的共同作用而对金星产生一顺时针力矩，迫使金星慢慢减少顺转速度直至出现逆向自转。

延 伸 阅 读

公转的物体产生自转的原因是外侧的速度大于内侧的速度，也就是外侧的角动量大于内侧的角动量。如果内外侧的角动量相等或内侧的角动量大于外侧的角动量，即使物体在进行公转，也不会产生自转。

金星的探测发现

金星上的环境

1988年，前苏联宇宙物理学家阿列克塞·普斯卡夫宣布说："发现于火星上的同样也存在于金星上。"

据人类所知，金星的自然环境比起火星来要严酷得多。金星表面极限温度可达至500摄氏度，大气层中二氧化碳的含量在90%

以上，空中还经常落下毁灭性的硫酸雨，特大热风暴比地球上12级台风还要猛烈数倍。

从1960年至1981年以来，美国和前苏联双方共发射近20个探测器，仍未认清浓厚云层包裹下的金星真面目。

科学家的发现

对于金星秘密的最重要发现，是由前苏联科学家尼古拉·里宾契诃夫在比利时布鲁塞尔的一个科学研讨会上披露的。1989年1月，前苏联发射的一枚探测器穿过金星表面浓密的大气层用雷达扫描时，发现金星上原来分布有20000座城市的遗迹。

这20000座城市遗迹完全是由"三角锥"形金字塔状建筑组成的。每座城市实际上只是一座巨型金字塔，全部没有门窗，估计出入口可能开设在地下。20000座巨型金字塔摆成一个很大的车轮形状，其间的辐射状大道连缀着中央的大城市。

起先，科学家们见到这些传回地球的照片，以为上面出现的城墟可能是大气层干扰造成的幻象，或是飞船仪器有问题。但经过深入分析后，他们发觉那的确是一些城市遗迹，是一种绝迹已久的智能生物留下来的。

科学家的再研究

研究者认为，这些金字塔式的城市可昼避高温，夜避严寒，再大的风暴也奈何不了它。

联系到在火星上发现的作为警告标志垂泪的巨型人面建筑即"人面石"，科学家们不得不把金星与火星看成是一对经历过文明毁灭命运的"患难姊妹"。

　　据推测，800万年前的金星经历过地球现今的演化阶段，应该有智能生物存在。由于金星大气成分的变化，二氧化碳占据了绝对优势，从而发生了强烈的温室效应，造成大量的水蒸发成云气或散失，最终彻底改变了金星的生态环境，导致生物绝迹。

　　倒塌的金星城市中，究竟会隐藏着怎样的更加难以捉摸的秘密呢？这只有等待人类未来的实地探测了，但愿这一天并不遥远。

金星发现两万座城市

　　金星上是否存在生命，至今尚难定论。但地球人遭遇金星人的案例却一再出现。1952年11月20日，美国人亚当斯基在加利福尼亚州的沙漠中进行科学探索时，看到飞碟飞来和随之出现的一个头披金色长发，脚蹬红色高帮皮鞋的陌生人。他主动与亚当斯用手势交谈，说明他"来自金星"。

1954年6月，美国人李克兰德声称，他在洛杉矶市曾3次遇到两个白脸、黑发、大眼、大脚的陌生人，以英语自我介绍"来自金星"，并在8月31日晚间敲开了他家的门，邀他到金星上参观了工厂、实验室和住所后，送他返回了地球。当然，这都是些无法核实的自述，只能姑妄听之。

　　从探测所获数据分析，金星大气层中二氧化碳含量为97％，氧气似乎早已耗尽，但生命存在的条件是多元的，地球上也有不靠氧气而生存的生物，何况外星。

　　1989年，前苏联科学家尼古拉·里宾契科夫博士在比利时布鲁塞尔召开的一个科学研究讨论会上宣布了一个惊人消息：苏联

派出的一艘无人太空飞船于1988年穿过金星大气层时，拍下的一批照片表明：金星上大约有20000个古代城市遗址。

那些城市的布局好像一个向四面八方辐射的车轮，车轮中心是一个大都会，每根射线都通向一个城市，射线就是高速公路。从照片上看，一些城市已经被毁坏，至少从地面上看，那里已经没有生物在活动。

但在远古时代，金星上曾有过生命。

有些学者甚至猜测，古代美洲的玛雅人，其祖先就是来自金星。在远古时代，金星有孕育生命和智慧生物的优越条件，生命延续可能达10多亿年，后来由于金星人文明的发展，加剧了自然环境的破坏，随着太阳温度的升高又加剧了温室效应，海洋和水都消失了。

如今金星人可能依靠自己的智慧建造地下独立生物圈而潜居地下，美国和前苏联的金星探测器均曾发现金星存在着闪电和无线电静电现象，这可能是地下金星人进行生产或开展科技活动所产生的。

文明遗迹探索

迄今为止，人们在月球、火星和金星上都发现了文明活动的遗迹和疑踪，甚至在距离太阳最近的水星的阴面发现过一些断壁残垣。作为金字塔式的建筑则使地球、月球、火星和金星构成了一种互为联系的文明系统。

科学观点认为，太阳系的文明发展史并非起源于地球，它的鼎盛时期出现于地球之前，延续到地球这颗星时，已是太阳系文

明的终结史。

　　不过，这丝毫不妨碍世世代代的地球人类去为创造一个全新的黄金般的文明时代而努力，也许这只是太阳系中独存的文明硕果了。但是，探索文明遗迹仍是天文学家的使命。

延　伸　阅　读

　　金星是位于地球绕日公转轨道内的"地内行星"。当金星运行到太阳和地球之间时，在太阳表面穿过，此天象称为"金星凌日"。著名英国天文学家哈雷曾提出，金星凌日时，在地球上两个不同地点同时测定金星穿越太阳表面所需的时间，由此算出太阳的视差，可得出准确的日地距离。

木星和它的卫星

巨大的行星

　　木星是颗巨大的行星。在太阳系所有行星中，木星是最大的一个。它的直径有14.3万千米，是地球直径的11倍多，体积是地球的1300多倍。这意味着倘若木星是个中空的圆球，它里面就能

放下1300个地球。木星是太阳系行星中的头号巨星。

木星质量只是太阳的1%，是地球质量的318倍，木星质量甚至比太阳系内全部其他行星，如卫星、小行星、陨星和彗星的总和质量还要大，后者只及木星质量的40%。

木星在群星中显得很亮。虽然它到太阳的距离是地球到太阳距离的5倍，得到的太阳光也弱得多，只有从地球上看到的太阳亮度的1/7。但木星个儿巨大，大气也浓密，反射太阳光的能力也强。在天空中除金星以外，木星就是最明亮的行星了。

木星自转非常迅速。它虽是庞大的行星，却行动灵活。它比太阳系内任何别的行星自转都要快，木星上的一天只有9小时55分。它的公转速度为每秒13000米，比地球每秒30千米的公转速度慢多了，公转一周的时间几乎等于12年。

身披彩带的木星

通过望远镜，人们就能看到木星扁平的形状。不过，最吸引人的是木星顶部云层的云雾状条纹。明暗相间的条带大体规则又很有变化，而且都与赤道平行。条带颜色斑斓，除了白色外，还有橙红、棕黄色的。按照习惯，那些发白的浅色条纹叫"带"，那些较暗的红、棕等色条纹叫"条"或"带纹"。

这些条带都是木星云层，而且是木星顶部云层。木星被浓密的大气包围得严严实实，这层大气有多厚，现在不得而知，估计有1000千米，我们想要窥视一下木星大气的下层都有些困难，更

不用说看见木星表面了。

　　由于木星自转，云就被拉成长条形。浅色的带是木星大气的高气压带，温暖的气流在带里上升，呈现出白色或浅黄色。深暗色的条则是低气压带，气流在这里下降，呈现出红色和橙色。条带间像波浪一样激烈翻滚。

　　换句话说，由于木星做高速自转，伴同高气压带和低气压带的旋风流和反旋风流把巨大的木星完全缠绕起来了。大气也不易跑掉，就是因为木星有巨大吸引力束缚着漂泊不定的气体。

表面是个大海洋

　　木星没有固体的表面，这与我们了解过的水星、金星、地球、火星和月球都不同。大气之下，很可能是液态的氢的"海洋"。

　　再往下离木星中心核大约一半的地方，那里的压强已十分巨大，可达300万个大气压，温度惊人的高，达11000摄氏度，在这样的物理条件下，液态分子氢实际上已转化成液态的金属原子氢，这种液态的金属氢在地球的实验室中从未被发现过，然而科学家坚信，在极端条件下会有这种液态金属氢存在。

　　木星最中心部分是木星核，木星核是固体的，主要由铁和硅之类的物质组成，不大的体积却相当于一二十个地球质量。这里必然承受着非常大的大气压强，估计有上亿个大气压，温度可高达30000摄氏度，那里必然有地球所无法想象的特殊环境。

由于木星被厚厚的一云层包裹着，无法看清木星的表面，这些猜想还需要科学家的进一步研究。

木星的四大卫星

木星的卫星是个大群体，共有16颗，其中有4个最大卫星，分别为木卫一艾奥、木卫二欧罗巴、木卫三盖尼米得和木卫四卡利斯托。

木卫一距木星的平均距离为42万千米，以强烈的火山爆发而闻名。迄今记录到正在爆发的至少有9座，喷发时间很长，火山灰每年覆盖表面约0.001米厚。木卫一表面非常平坦，没有陨石坑，

表面由火山灰装饰得五彩缤纷。

木卫一有稀薄的大气，由二氧化硫与其他气体组成。与外层太阳系的卫星不同，木卫一与木卫二的组成与其他行星类似，主要由炽热的硅酸盐岩石构成。硫和其化合物的多种颜色使得木卫一表面的颜色多样化。

木卫二离木星平均距离67万千米。表面江河花纹很显眼，可能存在软冰或液态水。"旅行者1号"探测器发现木卫二是一个由厚厚冰层覆盖的岩石球体，近乎白色，色调柔和。赤道一带有斑状的黑区和亮区，被黑色线条穿过，长短不一，纵横交错，如同乱麻。可能是相连接的环形山、方山，最高不过50米。木卫二

是最平坦的天体。 科学家收到了宇宙探测器"旅行者2号"发回的照片，通过研究，推测木卫二有一个带冰壳的固体核心，而且在冰壳和核心之间，可能有一层液态水。天文学家史蒂文森等人计算了木卫二的热耗散，证实在核心和冰壳之间确实存在一个液态水层。他们通过几种不同模式的实验，得出了木卫二在25000米深的冰层下，存在着一个地下海洋的结论。

木卫三是太阳系中最大卫星，距离木星107万千米。"旅行者1号"探测器测得其朝向木星一面有严重环形山化了的多边形区域，横跨达几十千米。它们周围是明亮的网状系统，这些地形是相距很近的一些平行的山脊和山脊之间的沟组成的一个个区域，有的达20条之多。表面有断层和地壳变动痕迹。

木卫三是太阳系中已知的唯一一颗拥有磁圈的卫星，其磁圈可能是由富含铁的流动内核的对流运动所产生的。

木卫三拥有一层稀薄的含氧大气层，其中含有原子氧、氧气和臭氧，同时原子氢也是大气的构成成分之一。而木卫三上是否拥有电离层还尚未确定。

木卫四是距离木星最远的伽利略卫星，其轨道距离木星约188万千米，比之距离木星次近的木卫三的轨道半径远得多。

由于被陨星撞击了约40亿年之久，木卫四的表面布满了环形山。在一个巨大而平坦的圆形盆地周围镶嵌着一圈圈同心的山脉，就像一圈冻结了的海啸。

　　科学家们推测，由于一颗特大陨星的撞击，将木卫四表面的冰层融化了，使水从撞击处向四处扩展，但又快速重新冻结，因而形成了这些山脉。相信随着科学技术的迅速发展，总有一天人类会更加深入地了解木星。

延 伸 阅 读

　　木星距太阳平均距离7.783亿千米，公转周期11.86年，但9小时55分自转一圈。因此木星年就有10500多个昼夜交替。

　　硅：一种非金属元素，是一种半导体材料，可用于制作半导体器件和集成电路。旧称"矽"。

木星的科学探测

木星获得的名次

木星在太阳系的八大行星中体积和质量最大，质量是其他七大行星总和的2.5倍还多，是地球的318倍，而体积则是地球的1321倍。

按照与太阳的距离由近至远排列，木星位列第五。

同时，木星还是太阳系中自转最快的行星，所以木星并不是

正球形的，而是两极稍扁，赤道略鼓。木星是太阳系中第四亮的星星，仅次于太阳、月球和金星。

近年来，对木星的考察表明：木星正在向其宇宙空间释放巨大能量。它所放出的能量是它所获得太阳能量的两倍，这说明木星释放能量的一半来自于它的内部。

科学家的发现

科学家发现，最外层的木卫四，由于被陨星撞击了约40亿年之久，表面布满了环形山。

邻近的木卫三也一样，至少有一半是由水和冰构成，它有山脊和裂纹，这可能是由"水震"现象造成的。与木卫四相比，它表面的陨星坑较少，而且表层年代也只有木卫四的1/4，约为10亿年。

木卫一别具一格。它和月亮大小相似，每天从空中掠过一次。它的表面布满了高原、高地、干燥的平原和断层线，还至少有一个可能仍然活动着的大型火山，其直径为48千米。

现在，天文学家发现了最里层的木卫五，仅仅是一个针尖大小的亮点。这颗微小的长形天体轨道里面存在着一股物质的溪流，只能被解释为一个由大粒子所组成的光环。

木星上的海洋

木星的上层大气主要是由透明的氢气构成，占80%以上，其次是氦，约占18%，其余还有甲烷、氨、碳、氧和水汽等，总含量不足1%。

因为木星引力比地球引力强2.5倍以上，假如在地球上重45千克的物体，那么在木星大气层顶端就将重120千克。

木星大气中充满了稠密活跃的云系。各种颜色的云层像波浪一样在激烈翻腾着。在木星大气中还观测到有闪电和雷暴。

由于木星的快速自转，因此能在它的大气中观测到与赤道平行的、明暗交替的带纹，其中的亮带是向上运动的区域，暗纹则是较低和较暗的云。

继续下降到木星云层的深处，气温不断升高。太阳微弱的光线透过云层，比地球上的任何黑暗更黑。

但是，木星大气层的深处，并不是静悄悄的，一种低沉的地球上所听不到的"隆隆"声，从四面八方滚滚而来，这是旋转翻腾的风和云的吼声。

唯一的光亮是来自周围的巨大闪电，它们使地球上的闪电看上去只不过是大大的火花，而这里的雷鸣则是异常的震耳。

这个氢的海洋深达24900千米，而且越往深处就越黏稠越热，称得上是茫茫宇宙间可能存在的最为恐怖的情况。

木星上存在生命吗

茫茫宇宙中，是否还有其他地方存在生命？太阳系内，是否还有其他地方适合人居？第38届国际天体研究学术讨论会上，科学家认定太阳系中有4颗天体有可能存在生命，分别为土卫六、土卫二、火星以及木卫二。这4颗天体，每一个都有可能发现生命。但对它们的了解，还是猜测多于答案。

虽然木卫二和土卫六都是诱人的目标，但两者皆难以抵达，最终，美国航空航天局称，将木星系指定为下一个探索太空的远大目标。

木星实际上是太阳系中最可能发现新生命形态的地方。它厚厚的云层包含着无数有机化学物质，呈现出各种各样的颜色。在某一区域，存在与地球相似的温度和压力，那里的云层与几十亿年前孕育着生命的原始地球大气层特别相似。

许多科学家指出，如果木星的云层中有生命存在，它们决没

有智能，它们甚至没有生长的土地和岩石。然而，它们可能是在云雾中漂游并可以呼吸木星云层中粗糙的化学物质的原始生物。

有些科学家认为这种生物或许可能有1500千米那么大！木星，一个神奇而又充满敌意的世界，人类何时才能去访问呢？

延 伸 阅 读

木星：为太阳系八大行星之一，按由近及远的顺序，距离太阳为第五，是太阳系中体积最大、自转最快的行星。我国古代称之为岁星，取其绕行天球一周为12年，与地支相同之故。西方一般称之为朱比特，源自罗马神话中的众神之王，相当于希腊神话中的宙斯。

木星的巨大红斑

木星上的红斑是什么

除了色彩缤纷的条和带之外，木星大气上还有一块醒目的标记，从地球上看去就是一个红点，仿佛木星上长着一只"眼睛"。它的形状有点像鸡蛋，颜色鲜艳夺目，红而略带褐色，有时又十分鲜红。人们给它取名为大红斑。

大红斑十分巨大，南北宽度经常保持达14000千米，东西方向上的长度在不同时期有所变化，最长时达40000千米。也就是说，从红斑东端到西端，可以并排放下3个地球。一般情况下，东西端长度在2000千米至3000千米，大红斑在木星上的相对大小，就好像澳大利亚在地球上那样。

大红斑之"红"也有特色。它的颜色常常是红而略带褐色，变化也是有的。20世纪20年代至30年代，大红斑呈鲜红色，从

未这么好看过。1951年前后，也曾出现淡淡的玫瑰红颜色。大部分时间，颜色比较暗淡。

早期发现

一般认为，第一位看见大红斑的人可能是罗伯特·虎克，他在1664年描述了木星上的这个斑点，然而，虎克所描述的斑点却在不同的区带上。

1665年，法国天文学家发现木星有一条大红斑并把它绘制成图，终于引起了国际天文学界的注意，至1713年，这条大红斑在可见光的波段下断断续续地被观测着。

从17世纪被发现之后，至1882年间有长达118年的空白期没有大红斑被观测的记录。原来的斑点是否消散并改变重组了，是否退了色，或者只是简单的观测上的贫乏，都无从得知。

当前对大红斑的第一笔记录始自1830年。1878年，一位天文学家在观测木星时再次发现了这个大红斑，此后，人们开始对它接连地观测。

卫星探测

1973年12月3日，为探明木星真相，美国发射了无人勘测器"先锋10号"。经过1年零9个月的宇宙飞行，"先锋10号"终于来到

了木星附近，并把拍摄到的木星外形的彩色照片发回地球。这些照片让人们清楚地看到了木星上的大红斑。

1977年9月5日发射"旅行者1号"探测器，1979年2月25日，"旅行者1号"探测器以920万千米的距离掠过木星，并首度将大红斑清晰的影像传送回地球，可以看清楚160千米大小的横断面。西边五颜六色和波浪般的云彩模式是大红斑活跃的区域，那里被观察到有非常复杂和多变的云彩运动。

2011年9月，智利和夏威夷的天文台传回珍贵的观测资料，供加州"喷射推进实验室"解析研究。资深科学家欧尔顿表示，新观测数据显示大红斑的结构非常复杂。

大红斑的颜色之谜

很早以前，木星大红斑的颜色已引起人们关注。意大利天文学家卡西尼在1665年首先觉察到，木星上有斑痕，并以此红斑为标志，测出了木星自转的周期是在9时50分至9时56分之间的范围。这与现在公认的赤道部分的自转周期9时50分30秒相当吻合，这在当时天文观测仪器简陋的情况下是很不简单的成就。

自那时以来3个多世纪过去了，人们一直看到这块红斑，虽然颜色时而浓时而淡，大小有增有减，但从未消失过，成为木星上醒目的半永久性标志，同时也是科学家观测、研究和讨论的课题。

关于大红斑的颜色，有不同见解。有人提出那是因为它含有红磷之类的物质；也有人认为，那可能是有些物质到达木星的云端以后受太阳紫外线照射，而发生了光化学反应，使这些化学物

质转变成了一种带红棕色的物质。总之，这仍然为目前人类的未解之谜。

科学的不谢探索

人们在地球上对大红斑观察了300多年，却不知怎么解释这种红斑。至20世纪70年代，"先驱者10号"探测器、"先驱者11号"探测器相继升空，在1973年12月和1974年12月近距离观测了木星。

科学家发现，大红斑是一团激烈上升的气流，即大气旋。大气旋不停地沿逆时针方向旋转，像一团巨大的高气压风暴，每12天旋转一周。

这团风景从人类认识它以来，狂暴地刮了3个多世纪，可谓是一场"世纪风暴"，那么，它是靠什么物质能长盛不衰和长期肆

虐呢？原来，大红斑以实力占尽地利之便。巨大的旋涡像夹在两股向相反方向运动的气流带中，摩擦阻力很小，如果大红斑比现在要小得多，那么，阻碍的力量便相应地大得多，这团风暴很快便会平息。总之，关于大红斑，还需继续观测、研究和进行不懈探索。

延 伸 阅 读

　　木星由于自身的自转速度快，使大气中的云被拉成长条形状，共形成了17条云带。云带中亮的部分称作"带"，暗的部分称作"带纹"。

　　意大利的天文学家卡西尼指出，大红斑是木星大气的形态，就像地球空中的云彩。

水星上的冰山

"水手10号"的观测

　　"水手10号"探测器对水星天气的观测表明，水星最高温427摄氏度，最低温零下173摄氏度，水星表面没有任何液体水存在的痕迹。

　　就算是我们给水星送去水，水星表面的高温也会使液体和气体分子的运动速度加快，足以逃出水星的引力场。也就是说，要不了多久，水和蒸气会全部跑到宇宙空间，逃得无影无踪了。

　　水星上的大气压力不到地球大气压力的1/100万亿，水星大气主要成分是氮、氢、氧和碳等。水星质量小，本身吸引力不能把大气保留住，大气会不断地向空中飞逸。

　　水星上现在的稀薄大气可能是靠着太阳不断地抛射太阳风来补充的。从成分上也有相似的系统，太阳风的大部分成分就是氢、氮的原子核和电子。从水星光谱分析看，水星表面有点大气，但大气中没有水。

天文学家的发现

宇宙的奥妙无穷，常会有人们意想不到的事情发生。如在没有液体水，没有水蒸气的水星，人们却发现了"冰山"。

1991年8月，水星飞至离太阳最近点，美国天文学家用拥有27个雷达天线的巨型天文望远镜在新墨西哥州对水星观测得出破天荒的结论，即水星表面的阴影处存在着以冰山形式出现的水。

冰山直径15千米至60千米，多达20处，最大的直径可达到130千米。都是在太阳从未照射到的火山口内和山谷之中的阴暗处，那里的温度在零下170摄氏度。它们都位于极地，那里通常在零下100摄氏度，隐藏着30亿年前生成的冰山。由于水星表面的真空状态，冰山每10亿年才融化8米左右。

冰山是怎样形成的

天文学家解释说：水星形成时，内核先凝固并发生剧烈的抖

动，水星表面形成褶皱，即高山。同时火山爆发频繁，陨星和彗星又多次冲击，致使水星表面坑坑洼洼。至于水是水星原来就有的，还是后来由陨星和彗星带来的，看法上还有许多分歧。虽然，水星有水的说法未证实，但有水就有生命的存在。

延 伸 阅 读

　　水星表面环形山的名字，主要是以文学艺术家的名字命名。

　　引力场：是暗能量和星体相互作用的产物。引力场中某一点的引力与暗能量的虚拟质量和星体的质量的乘积成正比，与该点到旋转中心的距离的平方成反比。但是，它与物体的质量无关。

水星之最

什么是水星凌日

　　一直以来，在用肉眼能看到的水、金、火、木、土五大行星中，水星是最使人难以捉摸的行星。

　　离太阳最近的行星就是它，因此它总是被强烈的阳光所隐藏着，很难看清它的真面目。就连著名的天文学家哥白尼，也由于没能看到水星的真面貌而终身遗憾。

　　在某些情况下，水星从太阳面前经过时，人们可以看见在明亮的太阳圆盘背景上有一个小圆点，那就是水星。这种现象被称为"水星凌日"。

　　前两次的水星凌日分别发生在1986年11月13日和1993年11月6日中午前后。

　　发生水星凌日时，太阳明亮的背影上会呈现出水星的黑点，仔细观察会发现水星的边缘特别清楚，这就向我们证明，水星上是没有空气的。正是这个原因，水星世界中才会出现许多特色。

　　由于水星离太阳比地球近许多，比太阳和地球之间距离的一半还近，因此在水星上看到的太阳比地球上看到的大许多，也更耀眼。更为奇特的是水星上没有大气，因而水星和太阳可以同时出现在天空中。

水星的纪录

在太阳系的八大行星中，水星获得了几个"最"的纪录：

1．水星是离太阳最近的行星，和太阳的平均距离为5790万千米，约为日地距离的0.387倍，到目前为止还没有发现过比水星离太阳更近的行星。

2．由于水星离太阳最近，所以受到太阳的引力也就最大，因此它在轨道上运行得比任何行星都快，轨道速度为每秒48千米，

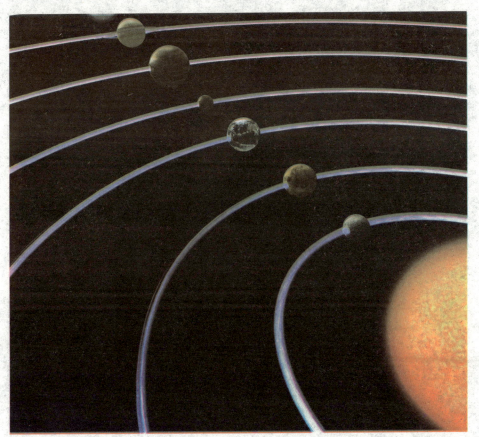

比地球的轨道速度快18千米。以这样的速度，只用15分钟就可以环绕地球运行一周。

3．"水星年"是太阳系中最短的年。它绕太阳公转一周仅需88天，还没有地球上的3个月长。这都是因为水星围绕太阳高速飞奔的缘故。

4．水星是行星表面温差最大的行星。因为水星上没有大气的调节，距离太阳又太近，所以在太阳的烘烤下，向阳面的温度最高时可达430摄氏度，不过背阳面的夜间温度可低到零下173摄氏度，昼夜温差600多摄氏度，真是一个处于火与冰之间的世界！

5．水星和金星是卫星数最少，或根本没有卫星的行星，而在太阳系中现在发现的卫星总数已达60多颗。

　　6. 在太阳系的行星中，水星"日"比任何行星都长，在水星上的一天，即水星自转一周，相当于地球上两个月，即为58.65地球日。在水星的一年里，仅能看到两次日出和两次日落，那里的一天半就是一年。

探索水星的秘密

　　为了探索水星的秘密，美国宇航局在1973年11月3日发射了"水手10号"行星探测器，前往探测金星和水星。

　　"水手10号"在日心椭圆轨道上和水星有两次较远距离的相遇，拍摄了第一批水星表面有大量坑穴水星的照片，拼合起来特别像是半个月球。从那以后，水星表面的真面目被逐渐地揭开了。

　　1974年3月，"水手10号"行星探测器从相距20万千米处拍下了水星的近距离照片，不仔细看几乎和月球照片难以分辨，但仔细看时，会发现水星表面的坑穴比我们看到的月球上的环形山更多、更密，后来在深入研究下，证实这些坑穴大多是40亿年前由陨星撞击形成的。

水星的真实面目

　　"水手10号"探测器拍摄到的水星表面的照片大约有2000张，水星表面的大量的坑穴和复杂的地形都可以清楚地看到。

　　在水星上有一个直径1300千米的巨大同心圆构造，这很可能是一个直径有100千米的陨星冲撞而形成的，它与月球背面东方盆地的情况特别相似。

这个同心圆构造位于水星赤道地带，异常炎热，因此用热量单位卡路里给它命名，叫作卡路里盆地。

其中有的坑穴还有像月球上某些环形山具有的辐射状条纹。这有可能是因为小的天体撞击水星时，产生了许多小碎片，一齐飞散到四方而造成的。水星表面具有放射状条纹的坑穴共有100多个。现在的水星表面是平静无事的，不过过去可能有过火山活动，现在在水星上还可以看到几处貌似火山熔岩形成的平面状地区。水星还有一个特征，就是它的表面3000米至4000米高的断崖地形随处可见，有的长达几百千米，这些被认为是水星冷却收缩而形成的。当然真正的深层原因仍在探索与研究之中。

水星的赤道半径虽然只有地球的2/5，但是密度却和地球差不多，因而可以初步断定构成水星的物质比构成地球的物质重。科学家推论，水星中心有一铁镍组成的核心，大小可能和月球相

似。水星也有磁场，大约为地球磁场强度的1%，但比火星的磁场要强许多，这是通过"水手10号"探测器探测水星时所研究出的。谜一般的水星现在已经被我们揭开了不少秘密，进一步的探测还有待于未来。

延 伸 阅 读

水星是太阳系中的类地行星，其主要由石质和铁质构成，密度较高，仅次于地球。水星主要来自罗马神话中众神的使者墨丘利。希腊神话中，以赫耳墨斯的名字命名。

凶猛的火星尘暴

火星上扬起的尘埃

火星上也有尘暴，影响面特别广。通常，尘暴发起于火星南半球的"诺阿奇斯"地区。当火星达到近日点时，"诺阿奇斯"地区接受的热量最多，就会引起一次大尘暴。因此，按火星绕日周期算，约两个地球年发生一次大尘暴。

1971年，当美国的"水手9号"火星探测器刚刚走了一半的

路程时，整个火星就被一场大尘暴所包围。火星表面70至80千米的高空被尘埃笼罩，白茫茫的一片，根本无法观测，除了赤道附近隐约见到4个坑洞外，其他地方模糊一片，什么也看不清。这场特大尘暴竟连续不断地刮了半年时间才渐渐平息下来。这在地球上是从未有过的。

威猛的火星尘暴

　　火星表面的尘暴，是火星大气中独有的现象，其形状就像一种黄色的云。整个火星一年中有1/4的时间都笼罩在漫天飞舞的狂沙之中。由于火星土壤含铁量甚高，导致火星尘暴染上了橘红的色彩，空气中充斥着红色尘埃，从地球上看去，犹如一片橘红色的云。火星上风暴的风速之大是无法形容的。地球上的大台风，风速是每秒60多米，而火星上的风速竟高达每秒180多米。经过几个星期之后，尘暴很快蔓延开来，并从南半球发展到北半球，甚至把整个火星都笼罩在尘暴之中。

　　形成全球性大尘暴后，太阳对火星表面的加热作用开始减弱，火星上温差减小，尘埃逐渐平息下来，回降到表面，一次长达好几个月的大尘暴就这样结束了。

火星尘暴的成因

　　火星尘暴是如何形成的呢？一般的解释是太阳的辐射加热起了重要作用，特别是火星运行到近日点，太阳的辐射非常强，引起火星大气的不稳定，使昼夜温差加大，加热后的火星大气上升便扬起灰尘。

　　当尘粒升到空中，加热作用更大，尘粒温度更高，这又造成热气的急速上升。热气上升后，别处的大气就来填补，形成更强劲的地面风，从而形成更强的尘暴。这样一来，尘暴的规模和强

度不断升级，甚至蔓延到整个火星，风速最高可达每秒180米，由此可见火星尘暴的厉害。

科学家的讨论

火星探测计划的首席科学家、康奈尔大学的史蒂文·斯奎尔斯曾说："火星尘暴覆盖半个星球的表面并不稀罕，这场尘暴现在还是区域性的。"他表示，目前还不能确定这场尘暴的具体规模，但其直径似乎有数千英里，"绝不是一场小飓风"。实际上，"这是我们观测到的火星上最遮天蔽日的尘暴之一"。火星尘暴时有发生，但多半是局部性的。

局部尘暴在火星上经常出现。那是由于火星大气密度不到地球的1％，风速必须大于每秒40米至50米才能使表面上的尘粒移动，但一经吹动之后，即使风速较小，也能将尘粒带到高空。典型的尘暴中绝大部分尘粒估计直径仅为10微米。最小的尘粒会被风带到50000米高空。至今，关于火星尘暴形成的原因，还没有统一的说法，还需进一步探索研究。

火星表面发现7个奇特洞穴

"火星探测轨道飞行器"和"机遇号"火星车分别发现火星表面曾有水以及火星可能有地下水的线索。美国科学家借助"奥德赛"探测器又在火星上发现了奇特洞穴。

美国地质探测局科学家在休斯敦举行的月球和行星科学会议上报告说，他们通过美国宇航局"奥德赛"火星探测器发回的图片，在火星表面辨认出了7个洞穴。

这7个洞穴分布在火星阿尔西亚火山的侧面。洞口宽度在100米至252米之间。由于洞口基本观测不到洞底，科学家们只能估算出这些洞至少有80米至130米深。

　　这些洞穴的发现具有重要意义。首先，如果火星上曾有原始生命形式存在，这些洞穴可能是火星上唯一能为生命提供保护的天然结构。其次，如果条件适宜，这些洞穴将来可能作为人类登陆火星之后的居住点。

延 伸 阅 读

　　史蒂文·斯奎尔斯，在美国新泽西州南部长大，其父亲是麻省理工学院的博士。20世纪70年代中期，斯奎尔斯考入康奈尔大学学习地质学。研究生阶段，斯奎尔斯师从于著名天文学家卡尔萨根，并参与了"旅行者"太空探测计划的工作。后来在美国国家航空航天局工作五年。1986年，重返康奈尔大学，开始教学工作。

最冷的星球天王星

天王星的发现

天王星是八大行星之一。按距离太阳由近及远的次序计为第七颗行星。1781年由英国天文学家威廉·赫歇尔发现。它与太阳的平均距离为28.69亿千米，直径为51800千米，平均密度为每立方厘米1.24克，自转周期为239小时，逆向自转，表面温度约零下180摄氏度。探测资料表明，天王星为太阳系最冷的星球。

天王星在被发现是行星之前，已经被观测了很多次，但都被当作恒星看待。最早的纪录可以追溯至1690

年，英国天文学家约翰·佛兰斯蒂德在星表中将它编为金牛座34，并且至少观测了6次。

法国天文学家在1750年至1769年也至少观测了12次，英国天文学家威廉·赫歇尔在1781年3月13日，于他位于索美塞特巴恩镇新国王街19号自家的庭院中观察到这颗行星，但在1781年4月26日最早的报告中他称之为彗星。

俄国天文学家估计它至太阳的距离是地球至太阳的18倍，而没有彗星曾在近日点4倍于地球至太阳距离之外被观测到。

德国天文学家约翰·波得描述赫歇尔的发现像是"在土星轨道之外的圆形轨道上移动的恒星，可以被视为迄今仍未知的像行星的天体"。波得断定这个以圆轨道运行的天体比起像彗星更像是一颗行星。这个天体很快便被接受是一颗行星。

在1783年，法国科学家拉普拉斯证实赫歇尔发现的是一颗行星。赫歇尔本人也向皇家天文学会的主席约翰·班克斯承认这个事实，为此，威廉·赫歇尔被英国皇家学会授予柯普莱勋章。

天王星的运行

天王星每84个地球年环绕太阳公转一周，与太阳的平均距离大约30亿公里，阳光的强度只有地球的1/400。它的轨道元素在1783年首度被拉普拉斯计算出来，但随着时间的流逝，预测和观测的位置开始出现误差。在1841年，英国天文学家约翰·柯西·亚当斯首先提出误差也许可以归结于一颗尚未被看见的行星

的拉扯。

在1845年，勒维耶开始独立地进行天王星轨道的研究，在1846年9月23日约翰·格弗里恩·伽勒在勒维耶预测位置的附近发现了一颗新行星，稍后被命名为海王星。天王星内部的自转周期是17小时又14分，但是，和所有巨大的行星一样，它上部的大气层朝自转的方向可以体验到非常强的风。实际上，在有些纬度，像是从赤道到南极的2/3路径上，可以看见移动得非常迅速的大气，只要14个小时就能完整地自转一周。

天王星的对流层

对流层是大气层最低和密度最高的部分，温度随着高度增加而降低，在对流层顶实际的最低温度，依在行星上的高度来决

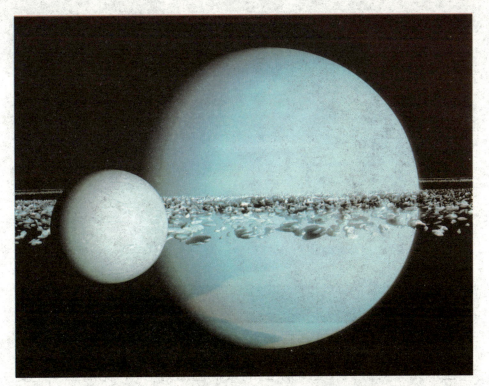

定。对流层顶是行星的上升暖气流辐射远红外线最主要的区域，由此处测量到的有效温度是59.1±0.3K。对流层应该还有高度复杂的云系结构，水云被假设在大气压力50帕至100帕之间，氨氢硫化物云在20帕至40帕的压力范围内，氨或氢硫化物云在3帕至10帕之间，最后是直接侦测到的甲烷云在1帕至2帕之间。对流层是大气层内动态非常充分的部分，展现出强风、明亮的云彩和季节性的变化

天王星的气候

与其他的气体巨星，甚至是与相似的海王星比较，天王星的大气层是非常平静的。"旅行者2号"探测器在1986年飞掠过天王星时，总共观察到了10个横跨整个行星的云带特征。

　　有人提出解释，认为这种特征是天王星的内热低于其他巨大行星的结果。在天王星记录到的最低温度是49K，比海王星还要冷，这使天王星成为太阳系温度最低的行星。

延 伸 阅 读

　　天王星主要是由岩石与各种成分不同的水冰物质所组成，其组成主要元素为氢，占83%，其次为氦，占15%。在许多方面，天王星与大部分都是气态氢组成的木星与土星不同，其性质比较接近木星与土星的地核部分而没有类木行星包围在外的巨大液态气体表面。

蓝色的星球海王星

气体行星海王星

海王星是距离太阳由近及远顺序的第八颗行星，于1846年9月23日被发现，计算者为英国剑桥大学的大学生亚当斯，德国天文学家伽雷是按计算位置观测到该行星的第一个人。这一发现被看成是行星运动理论精确性的一个范例。

海王星由于距离地球遥远，光度暗淡，即使用大型望远镜也难看清其表面细节，因而不能依靠观测表面标志的移动来测定出自转周期。作为典型的气体行星，海王星上呼啸着按带状分布的大风暴或旋风，海王星上的风暴是太阳系中最快的，时速达到2000千米。

海王星的蓝色是大气中甲烷吸收了日光中的红光造成的。尽管海王星是一个寒冷而荒凉的星球，不过科学家们推测它的内部有热

源。和土星、木星一样，海王星内部辐射出的能量是它吸收的太阳能的两倍多。由于海王星是一颗淡蓝色的行星，人们根据传统的行星命名法，称其为涅普顿。涅普顿是罗马神话中统治大海的海神，掌握着1/3的宇宙，颇有神通。

海王星的发现

1612年12月28日，意大利物理学家、天文学家伽利略首度观测并描绘出海王星，1613年1月27日又再次观测，但因为观测的位置在夜空中都靠近木星，导致伽利略误认为海王星是一颗恒星。

当时海王星在转向退行的位置，由于刚开始退行时的运动还十分微小，以至于伽利略的小望远镜察觉不出位置的改变。

1843年，英国数学家、天文学家约翰·柯西·亚当斯计算出会影响天王星运动的第八颗行星轨道，并将计算结果告诉了皇家天文学家乔治·艾里，乔治问了亚当斯一些计算上的问题，亚当斯虽然草拟了答案但未曾回复。

1846年，法国工艺学院的天文学教师勒维耶以自己的热诚独立完成了海王星位置的推算。

　　但是，在同一年，英国科学家约翰·赫歇尔也开始拥护以数学的方法去搜寻行星，并说服詹姆斯·查理士着手进行。

　　在多次耽搁之后，查理士在1846年7月勉强开始了搜寻的工作；而在同时，勒维耶也说服了柏林天文台的约翰·格弗里恩·伽勒搜寻行星。当时仍是柏林天文台的学生达赫斯特表示正好完成了勒维耶预测天区的最新星图，可以作为寻找新行星时与恒星比对的参考图。

　　在1846年9月23日晚间，海王星被发现了，与勒维耶预测的位置相距不到1度，但与亚当斯预测的位置相差10度。事后，查理

士发现他在8月时已经两度观测到海王星，但因为对这件工作漫不经心而未曾进一步地核对。

海王星的结构

海王星外观为蓝色，原因是其大气层中的甲烷吸收了太阳的红光造成的。海王星大气层85%是氢气，13%是氦气，2%是甲烷，除此之外还有少量氨气。

海王星可能有一个固态的核，其表面可能覆盖有一层冰，外面的大气层可能分层。海王星表面温度为零下218摄氏度，表面风速可达每小时2000千米。

此外，海王星有磁场和极光，还有因甲烷受太阳照射而产生的烟雾。

海王星的赤道半径为24750千米，是地球赤道半径的3.88倍，海王星呈扁球形，它的体积是地球体积的57倍，质量是地球质量的17.22倍，平均密度为每立方厘米1.66克。海王星在太阳系中，仅比木星和土星小，是太阳系的第三大行星。

因为其质量较典型类木行星小，而且密度、组成成分、内部结构也与类木行星有显著差别，海王星和天王星常常一起被归为类木行星的一个子类：远日行星。

在寻找太阳系外行星领域时，海王星被用作一个通

用代号，指所发现的有着类似海王星质量的系外行星，就如同天文学家们常常说的那些系外"木星"。

海王星大气的主要成分是氢和占较小比例的氦，此外还含有恒量的甲烷。甲烷分子光谱的主吸收带位于可见光谱红色端的600纳米波长，大气中甲烷对红色端光的吸收使得海王星呈现蓝色色调。

因为轨道距离太阳很远，海王星从太阳处得到的热量很少，所以海王星大气层顶端温度只有零下218摄氏度。由大气层顶端向内温度稳步上升。和天王星类似，星球内部热量的来源仍然是未知的，而结果却是显著的。

作为太阳系最外部的行星，海王星内部能量却大到维持了太阳系所有行星系统中已知的最高速风暴。对其内部热源有几种解释，包括行星内核的放射热源，行星生成时吸积盘塌缩能量的散热，还有重力波对平流圈界面的扰动。

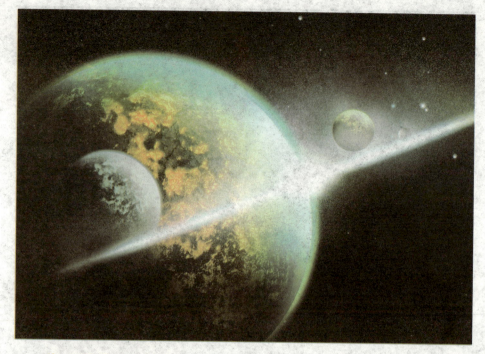

海王星的内部构成

　　海王星内部结构和天王星相似。行星核是一个质量大概不超过一个地球质量的由岩石和冰构成的混合体。海王星地幔总质量相当于10到15个地球质量，富含水、氨、甲烷和其他成分。

　　作为行星学惯例，这种混合物被叫作冰，虽然其实是高度压缩的过热流体。这种高电导的流体通常也被叫作水。

　　大气层包括大约从顶端向中心的10%至20%，高层大气主要由80%氢和19%氦组成。甲烷、氨和水的含量随高度降低而增加。越到内部大气底端温度越高，密度越大，进而逐渐和行星地幔的过热液体混为一体。

　　海王星内核的压力是地球表面大气压的数百万倍。通过比较转速和扁率可知海王星的质量分布不如天王星集中。

海王星的行星环

这颗蓝色行星有着暗淡的天蓝色圆环，但与土星比起来相去甚远。当这些环由以爱德华为首的团队发现时，曾被认为也许是不完整的。然而，"旅行者2号"探测器的发现表明并非如此。

这些行星环有一个特别的"堆状"结构，其起因目前不明，但也许可以归结于附近轨道上的小卫星的引力相互作用。认为海王星环不完整的证据首次出现在20世纪80年代中期，当时观测到海王星在掩星前后出现了偶尔的额外"闪光"。

"旅行者2号"探测器在1989年拍摄的图像发现了这个包含几个微弱圆环的行星环系统，从而解决了这个问题。最外层的圆环，包含三段显著的弧，现在名为"自由"、"平等"、"博爱"。

弧的存在非常难于理解，因为运动定律预示，弧应在不长的时间内变成分布一致的圆环。目前认为是环内侧的卫星海卫六的引力作用束缚了弧的运动。

"旅行者2号"探测器的照相机还发现了其他几个环。除了狭窄的、距海王星中心63000千米的亚当斯环之外，勒维耶环距中心53000千米，更宽、更暗的伽雷环距中心42000千米。勒维耶环外侧的暗淡圆环被命名为拉塞尔；再往外是距中心57000千米的Arago环。

2005年发表的论文表明，海王星的环比原先以为的更不稳定。凯克天文台在2002年和2003年拍摄的图像显示，与"旅行者2号"探测器拍摄时相比，海王星环发生了显著的退化。有的环也许在一个世纪左右就会消失。

海王星的研究

由于旅途遥远，地球上仅有一艘无人宇宙飞船——"旅行者2

号"于1989年8月25日造访过海王星。

当日，"旅行者2号"到达距海王星最近的地点。因为这是"旅行者2号"所要飞临的最后一个主要行星，也就没有后续轨道限制了，它的轨道非常接近卫星海卫一，正如"旅行者1号"飞越土星和它的卫星土卫六时所选择的轨道那样。

这次探测发现了大黑斑，但后来用哈勃太空望远镜观察海王星时发现大黑斑已经消失。

大黑斑起初被认为是一大块云，而据后来推断，它应该是可见云层上的一个孔洞。

"旅行者2号"探测器还飞向海卫一进行了考察，发现海卫一确实是太阳系中唯一一颗沿行星自转方向逆行的大卫星，也是太阳系中最冷的天体。

它比原来想象的更亮、更冷和更小，表面温度为零下240摄氏度，部分地区被水冰和雪覆盖，时常下雪。

上面有3座冰火山，曾喷出过冰冻的甲烷或氮冰微粒，喷射高

度有时达32千米。海卫一上可能存在液氮海洋和冰湖，到处都有断层、高山、峡谷和冰川，这表明海卫一上可能发生过类似的地震。海卫一上有一层由氮气组成的稀薄大气层，它的极冠被冻结的氮形成一个耀眼的白色世界。

延 伸 阅 读

肉眼看不到海王星，因为它的亮度比木星的伽利略卫星、矮行星、谷神星和小行星、灶神星、智神星、虹神星、婚神星和韶神星都暗。在天文望远镜或优质的双筒望远镜中，海王星显现为一个小小的蓝色圆盘，看上去与天王星很相似。

太空流浪者彗星

彗星为何引人注目

20世纪末，全世界天文爱好者开始翘首以待，用期待又兴奋的心情迎接两个回归的彗星明星，即先有1996年的百武彗星，后有1997年的海尔—波普彗星闪亮登场。

彗星为什么如此引人注目呢？首先是它的奇异形状，毛茸茸

的彗头中间嵌着闪光的彗核，拖着又长又透亮的彗尾；其次彗星突然出现，来也匆匆，去也匆匆，有的则从遥远的行星际尽头奔向太阳，随后又扬长而去，长久不归，如同浪迹太阳系的漂泊者。

埃德蒙·哈雷的观测

埃德蒙·哈雷曾担任过格林尼治天文台台长。1682年，他通过分析观测记录，发现1531年、1607年和1682年的3颗彗星在出现方法、运行轨道和时间间隔上有着惊人的相似之处，遂于1705年断定这几颗彗星是同一颗彗星的反复出现，并预言这一彗星将在1758年再度出现在空中，并且每隔76年将出现一次。

后来，哈雷的预言得以证实，该彗星在1758年的圣诞之夜果然再次回归。遗憾的是，哈雷已于16年前与世长辞，无缘与该彗星会面了。

为纪念哈雷的功绩，从此，这颗彗星就被正式命名为"哈雷彗星"，这也是人类第一次预报归期的彗星。

哈雷彗星的回归

20世纪哈雷彗星有两次回归，第一次是在1910年5月，地球在哈雷彗星庞大的尾巴中逗留了好几个小时，亮度如同火星，让人大饱眼福。

第二次回归是在1985年至1986年，就远不如上次壮观，直至1986年3月和4月，人们才在南半球上空一睹其尊容。

哈雷彗星每76年回归一次，绝大部分时间深居在太阳系的边陲地区，即使用现代最大的望远镜也难以搜寻

到它的身影。地球上的人们只有在它回归时才能够见到它。

彗星是个脏雪球

1986年，天文学家已经认识到，彗星实际上是一个由石块、尘埃、甲烷和氨所组成的冰块。

彗核外表酷似一个深黑色的长马铃薯，就像一个脏雪球。这样的小个子，远离太阳时在地球上是无法辨认的，当这个脏雪球飞向太阳时，太阳的加热作用，使其表面的冰蒸发升华成气体，与尘埃粒子一起围绕彗核成为云雾状的彗发和核，合称彗头。

彗发又使阳光散射，便形成星云般淡光的长长彗尾。这时，彗头直径可达几十万千米，彗尾长达好几千万千米，变得好似庞

然大物，但其质量却小得出奇，绝大部分集中于彗核，只有地球质量的1/10亿。

天空稀客、常客、过客

彗星可分为沿椭圆形轨道运动的周期彗星，以及沿抛物线和双曲线轨道运动的非周期彗星。周期彗星循着轨道周期性回到太阳附近来，只有在这时显得亮，我们在地球上才容易发现它。哈雷彗星是短周期彗星的代表，它的周期是76年，下次它来到太阳附近将是21世纪60年代，2061年将会出现。

最短的是恩克彗星，周期为3.3年，从1786年被发现以来，已出现过50多次，算是常客了。

而非周期彗星就可以算是太阳系的过客，它们可能沿着双曲

线和抛物线从遥远的太阳系深处来，在太阳这儿打个弯，又不知跑到哪处天涯海角去了。

掠日彗星

美国一颗专门观测太阳的人造卫星记录到：1977年8月30日，一颗彗星撞到太阳！这是人类第一次发现的彗星与太阳相撞。

天文学家认为这颗与太阳相撞的彗星是掠日彗星族中的一颗。

300年来，天文学家只观测到8颗这一族的彗星。因为它们都是以很近的距离像燕子掠过水面似的掠过太阳表面，所以被称为"掠日彗星"。

最早的一颗"掠日彗星"是1680年被发现的，它以每秒530千米的高速在离太阳表面只有23万千米处穿过。离太阳最近的是1963年发现的一颗彗星，它在离太阳表面只有60000千米处飞过。太阳直径是139万千米，这颗彗星离太阳只有60000千米，它简直是擦边而过，实在是惊险的历程！

实际上还有许多掠日彗星没有被地面上的人们发现，这是因为太阳光太亮，以至很难观测到距离太阳很近的彗星。1977年这颗与太阳相撞的彗星，如"以卵击石"，在太阳身上撞了个粉碎，而太阳却毫不在乎，我行我素，继续照耀亿万年。

2011年10月9日，一颗罕见的巨型掠日彗星撞击了太阳，闪光照亮了夜空。在轨道上运行的探测器在撞击发生前7小时捕获了这颗正高速冲向太阳的彗星的实时画面。

随后，当这颗彗星一头扎进太阳的熊熊烈焰之后，太阳表面随即发生一次X级耀斑爆发，大量带电粒子穿透日冕冲入太空，如节日的烟火般照亮宇宙夜空。

这颗彗星是在2011年9月30日，由地面业余彗星观测者发现

的。它冲入太阳时发生了分裂，非常壮观。太阳和太阳风层探测器抓拍到了撞击发生前数小时的画面，但是最后的场面却被一场出乎意料的剧烈太阳爆发淹没了。

延伸阅读

百武彗星：是一颗非周期彗星，由日本鹿儿岛业余天文学家百武裕司于1996年1月30日发现，是他发现的第二颗彗星。"百武彗星"通常是特指"百武2号"彗星，这颗星让他闻名于世。

海尔—波普彗星：是一颗非周期彗星，它于1995年由美国两位业余天文学家艾伦·海尔和汤玛斯·波普共同发现，它是众多由业余天文学家发现的彗星当中，距离太阳最远的。

奇特的土星环

土星环是什么

土星环延伸到土星以外辽阔的空间，最外环距土星中心有10个至15个土星半径，光环宽达20万千米，可以在光环面上并列排上10多个地球，如果拿一个地球在上面滚来滚去，其情形如同皮球在人行道上滚动一样。

　　主要的土星环宽度为48千米至30.2万千米，以英文字母的头7个命名，距离土星从近到远的土星环分别以被发现的顺序命名为D、C、B、A、F、G和E。土星及土星环在太阳系形成早期已形成，当时太阳被宇宙尘埃和气体所包围，最后形成了土星和土星环。

　　奇异的土星光环位于土星赤道平面内，与地球公转情况一样，土星赤道面与它绕太阳运转轨道平面之间有个夹角，这个27度的倾角，造成了土星光环模样的变化。

　　我们会一段时间"仰视"土星环，一段时间又"俯视"土星环。这时候的土星环像顶漂亮的宽边草帽，另外一些时候，它又像一个平平的圆盘，或者突然隐身不见，这是因为我们在"平视"光环，此时即使是最好的望远镜也难觅其"芳踪"。

土星环的发现

1610年，意大利天文学家伽利略观测到在土星的球状本体旁有奇怪的附属物。1659年，荷兰学者惠更斯指出这是离开本体的光环。

1675年意大利天文学家卡西尼发现土星光环中间有一条暗缝，后称之为卡西尼环缝。他还猜测，光环是由无数小颗粒构成。两个多世纪后的分光观测证实了他的猜测。但在这200年间，土星环通常被看作是一个或几个扁平的固体物质盘。

直至1856年，英国物理学家麦克斯韦从理论上论证了土星环是无数个小卫星在土星赤道面上绕土星旋转的物质系统。

1979年9月1日，"先驱者11号"探测器飞临土星，实现了对土星的近距离探测。天文学家说，它所发回的大量照片和数据使

我们对土星的了解更加透彻。它发现了土星的两道新光环，发现了土星的新卫星和磁场。

　　为了对宇宙进行深入考察，继"先驱者11号"探测器之后，于1977年8月20日和1977年9月5日美国又先后发射了"旅行者2号"和"旅行者1号"两艘太空探测器，继续对土星进行考察。

　　另外，由于轨道设计巧妙，它在飞向土星的途中，还分别飞临土卫六、土卫三、土卫一、土卫二、土卫四和土卫五，并于1980年11月13日，在距土星12.4万千米处掠过土星，再一次对土星进行了深入的科学探测，送回了10000多张照片以及各种数据。

从这些新的信息中，又有了惊人的新发现，使关于土星的教科书必须重新改写。有些科学家风趣地说，我们得到的关于土星的知识，比在以前的整个人类历史上所得到的还要多。

最近，天文学家通过美国宇航局"斯皮策"太空望远镜观测到土星"超级尺寸"的环状结构，之前他们未曾探测到。经测量该环状结构的垂直高度为土星直径的20倍，而土星的直径是地球的9倍，这个神秘的环状结构可以容纳10亿颗地球。

光环是怎样形成的

凡是用望远镜观看过土星的人，都为它那美丽的光环所吸

引。淡黄的像橘子似的星体被发出柔和的白色光辉的光环围绕着，使人不得不惊叹大自然的绚丽多姿。

是什么构成这美丽而壮观的光环的呢？它们是固体的，还是由许多粒子组成的？

20世纪初，天文学家开勒尔将光环构造之谜破解了。根据开勒尔的测量，土星光环内缘的速度比外缘的速度要大，说明光环不是固体的，而是由许多冰冻的颗粒状小天体组成的。它们大小相差悬殊，大的可达几十米，小的不过几厘米或者更微小。

那么，它们是一个挨一个均匀地单层排列着，还是各种粒子互相重迭形成多层的排列呢？"旅行者1号"探测器为我们提供了关于土星光环的新形象。

科学家们发现，光环平面内有数百、数千条大小不等的同心

环，环中有环，看起来就像是唱片上的纹路一样。大多数的环是光滑匀称的，但也有些是锯齿形的，有些呈辐射状，还有些像发辫那样互相扭结在一起，令人眼花缭乱。

"旅行者1号"探测器的探测再次证明，土星光环是由无数大小不等的粒子组成的，粒子直径在几厘米至几米之间。这些粒子以惊人的速度围绕着土星旋转，并且还发出功率很强的无线电信号。

土星表面被浓密的氢气云所笼罩，从地球上用望远镜看去，土星表面有些明暗交替的条带，这是土星上的气流形成的。偶尔出现的白色斑点，可能是土星风暴。

"旅行者1号"探测器发回的照片向我们揭示，土星表面特征

极其丰富多彩，既有斑点、晕圈，又有盘旋着的金色丝带以及旋
涡状的棕黄色、黄色、橘红色和褐色的带状物，充分表现出土星
表面气流翻滚、风暴迭起的剧烈活动情景。

延 伸 阅 读

　　土星风暴开始于一块巨大的乌云，这块乌云的体积与
地球差不多。土星风暴被认为是近似对地球雷暴与无线电
噪声生产在高压闪电放电。当风暴开始时，被风暴吞没的
地方面积加起来相当于30个地球那么大。据天文学家们的
计算，土星风暴的移动速度约为每秒450米，这一速度是
地球上喷气式飞机速度的10倍，比木星表面的风暴还要快
上3倍。

令人疑惑的月球

揭开月球的面纱

在人类的心目中，月球永远是神秘的。1969年7月，美国的"太阳神11号"宇宙飞船载着阿姆斯特朗等人登陆月球后，它那神秘的面纱就此被揭开来。

与地球相比，月球可以说是一个完全迥异的世界，它虽然具有高山、深谷、平原等地形，但是却看不到湖、海、河流等景

观。在引力弱的情况下，大气无法附着，使得光线及声音缺乏传递的媒介，因此月球上可说是片静悄悄的黑暗世界，毫无生命的迹象。

在太阳系中，月球是离地球最近的一颗卫星，相距大约30多万千米，直径约为3456千米。月球本身会自转，自转的速度很慢，每小时只有16.56千米左右，大约是地球自转速度的1/13。由于它是地球的卫星，因此在自转的同时，它也不停地循着椭圆形轨道绕地球公转。由于轨道是椭圆的关系，它与地球间的距离也就时刻在变化，最近的距离约为35万千米，最远时则高达56万千米，差距相当大。

为何只看到一面

月球在自转与公转同时进行之下，产生了一个相当有趣的现象，那就是如果在地球上看月亮的话，看到的永远都是同一面。这究竟是什么缘故呢？

原来月球自转一周的时间恰好和公转的时间相同。月球在地球的引力的长期作用下，月球的质心已经不在它的几何中心，而是在靠近地球的一边。这样的话，月球相对于地球的引力势能就最小，在月球绕地球公转的过程中，月球的质心永远朝向地球的一边，就好像地球用一根绳子将月球绑住了一样。太阳系的其他卫星也存在这样的情况，所以卫星的自转周期和公转周期相等不是什么巧合，而是有着内在的因素。因此，月球永远都是以同一面朝向地球。

这样，人类也就无法欣赏到它神秘的背景。直至1959年，俄国发射"月球3号"太空船，绕到月球的背面拍摄，人类才得以见到月球背面的真面目。

　　尽管月球神秘的面纱已经被揭开，但是仍有许多深奥的领域有待人类一一去探寻，或许有朝一日，月球观光、移民月球、建立各种探测基地的计划等，都不再是异想天开的梦想。

月亮的盈亏圆缺

　　月球在不断地围绕地球转，因此，月球、地球、太阳的相对位置都在不断地改变着。

　　农历每月初一，月球处在太阳和地球之间。这时，月球对着人们的那一面太阳光照不到；而受到太阳光照射的那一面人们见不到，因此，人们看不到月亮，即此时为新月或朔月。

　　过了两三天，月球改变了位置，太阳光逐渐照亮向着地球的这半球的边缘部分，人们也就开始看到月球被照亮的一小部分。它好像弯弯的蛾眉，人们称它为"蛾眉月"。这以后，月球向着地球的这半球照到的太阳光一天比一天多了，于是弯弯的月牙也就一天比一天丰满起来，直至农历初七、初八前后，月球面对人们这半球，有一半可以照到太阳光。人们可以看到半个月亮，即为上弦月。

月亮逐渐越变越丰满，直至农历十五、十六，地球处于月球和太阳的中间，这时月球对着地球的那一面完全被太阳光照亮。人们就可以看到一个滚圆的月亮，这就是满月，也叫望月。

满月之后，月亮一天天地"瘦"下去。农历二十二三，又只

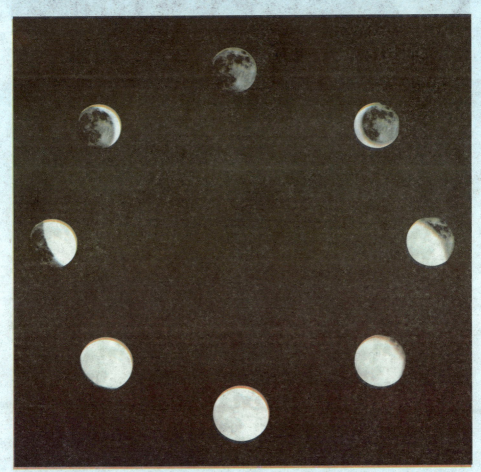

能看到半个月亮，为下弦月；又过四五日，又只能看到蛾眉月；直至农历月份的最后一两天，月亮又消失了。再过三四天，月亮又开始出现，于是开始新的循环。

延 伸 阅 读

　　科学家伊丽莎白·哥奇兰说："月球引力影响海潮的潮起潮落，地球本身在月球引力的作用下也发生变形。猛烈的潮汐在地震的引发过程中发挥很大的作用，地震发生的时间会因潮汐造成的压力波动而提前或推迟。"

　　早期的天文学家在观察月球时，以为发暗的地区都有海水覆盖，因此把它们称为海，著名的有云海、湿海、静海等。

神奇的月球辉光

是谁发出的辉光

人类在地球上观测月球时，总能发现月球带着淡淡的黄色光晕。可是当人类到那里实地考察时才发现，月球其实是个死寂的世界，但月球的环形山却经常发出美丽的辉光，这令人大惑不解。

1958年11月3日凌晨，前苏联科学家柯兹列夫在观测月球环

形山的时候，发现阿尔芬斯环形山口内的中央峰，变得又暗又模糊，并发出一种从未见过的红光。

两个多小时后，他再次观测这片区域时，发现山峰发出白光，亮度比平常几乎增加了一倍，第二夜，阿尔芬斯环形山才恢复原先的面目。

柯兹列夫认为，他所观测到的是一次比较罕见的月球火山爆发现象。他认为，阿尔芬斯环形山中央峰亮度增加的原因，在于从月球内部向外喷出了气体，至于开始时山峰发暗和呈现出红色，那是因为在气体的压力下，火山灰最先冲出了火山口。

柯兹列夫的观点遭到了一些人的反对，其中包括一些颇有名望的天文学家。他们承认阿尔芬斯环形山的异常现象是存在的，

但认为不能解释为通常的火山爆发，而是月球局部地区有时发生的气体释放过程。

在太阳光的照耀下，即使是冷气体也会表现出柯兹列夫所注意到的那些特征。

早在1955年，柯兹列夫就在另一座环形山——阿利斯塔克环形山口，发现过类似的异常发亮现象，他也曾怀疑那是火山喷发的现象。

1961年，柯兹列夫又在阿利斯塔克环形山中央观测到了他熟悉的异常现象，不同的是，光谱分析明确证实这次所溢出的气体是氢气。这类现象究竟应该怎样解释呢？是火山喷发，还是气体释放？或者是其他什么现象呢？

红色斑点

天文学家们还不止一次在月球上发现过神秘红色斑点。还是那个阿利斯塔克环形山，美国洛韦尔天文台的两位天文学家在观测和绘制其附近的月面图时，先后两次在这片地区发现了使他们惊讶的红色斑点。

第一次是在1963年10月29日，一共发现了3个斑点：先是在阿利斯塔克环形山以东约65千米处见到了一个椭圆形斑点，呈橙红色，长约8千米，宽约2千米。

在它附近的一个小圆斑点清晰可见，直径约2千米。这两处斑点从暗到亮，再到完全消失，大约经历了25分钟的时间。

第三个斑点是一条长约1.7万千米，宽约2千米的淡红色条状斑纹，位于阿利斯塔克环形山东南边缘的里侧，出现和消失时间

大体上比那两个斑点迟约5分钟。

第二次观测到奇异红斑是在1963年11月27日，还是在阿利斯塔克环形山附近，红斑长约1.9万千米，宽约2千米，存在的时间长达75分钟。

红色发光现象

英国的两位科学家注意到了另一个著名的环形山——开普勒环形山也存在类似现象。

开普勒环形山在阿利斯塔克环形山东南方向，直径约35千米，是带有辐射纹的少数环形山之一。

1963年11月1日，英国曼彻斯特大学的两位研究人员在拍摄开普勒环形山及其附近地区的照片时，注意到就在这片地区内，在两小时内两次出现了红色发光现象，发光面

积大得使他们惊讶，每次都超过了10000平方千米。

他们从三个方面对这次有色现象提出了自己的见解。他们认为持续时间不长而面积那么大的发光现象，不可能由某种月球内部原因造成，应该是起因于太阳。

他们认为，由于月球不存在大气，月面会受到紫外线、X射线、伽马射线等全部太阳辐射的猛烈袭击，这时，月面的某些地方有可能被激发而发光，面积也可能比较大。

他们明确提出，开普勒环形山这两次发光现象的根源在于太阳面上出现了耀斑。11月1日那天，太阳上出现了两次规模不算

大的小耀斑，它们的时间间隔与开普勒环形山的两次红色发光现象的时间间隔基本一致。

两位英国科学家的观点没有得到广泛支持。如果他们把月面辉光现象与太阳耀斑联系在一起的解释是正确的话，那么，月球发光现象也该有周期性，而且在太阳活动极大，耀斑出现较多的那些年份里，红斑现象也应该出现得更多、更频繁。观测表明，这样的事从来没有发生过。

亮点位置

1969年7月，美国首次登月的"阿波罗11号"宇宙飞船，在到达月球附近和环绕月球飞行时，曾经根据预定计划，对月面上最亮的这片阿利斯塔克环形山地区进行了观测。

观测表明，这座著名环形山的直径约37公里，山壁陡峭而结构复杂，底部粗糙而崎岖。

飞船指令长阿姆斯特朗是从环形山的北面进行俯视的，他向地面指挥中心报告说："环形山附近某个地方显然比其周围地区要明亮得多，那里像是存在着某种荧光那样的东西。"

遗憾的是，由于条件限制，宇航员们没有对所观测到的现象作进一步的解释。

1985年5月23日，希腊的一位学者利用折射望远镜连续拍摄的7张月球照片中，有一张照片上出现了一个事先没有预料到的清晰的亮点。经过核查，亮点位于月球明暗界线附近的环形山地区。

他认为由于月面没有大气，被太阳照亮的月面部分的温度与没有被太阳照亮部分的温度相差悬殊。

当太阳从月面上某个地区出现时，也就是从那些正好处在明暗界线附近的地区日出时，一下子从黑夜变为白天的那部分月面温度迅速升高，从零下100多摄氏度升至100多摄氏度。

强烈而迅速的温度变化使得月球岩石胀裂开来，被封闭在岩石下面的气体突然冲到月面，迅速膨胀，产生了明亮而短暂的发光现象。

美国一位通讯工程师也提出了类似的看法。他曾检测过一些从月球上采集回来的月球岩石标本，发现岩石中含有像氦和氩之类的挥发

性气体。

　　他认为，月岩热破裂时释放出来的电子能，完全有可能把挥发性气体点燃，引起短暂的闪光现象。

　　他还表示，他的设想并非毫无根据。

　　据说，月球岩石在地面实验室里进行人工断裂时，确实曾放出过小火花。

　　过去也确实多次有人在月球明暗界线附近，发现过这类短暂的发光现象。

　　但是，在得不到阳光的月球阴暗部分，也曾观测到过这种闪

闪发光现象。这又该如何解释呢？

　　无论是前苏联科学家、英国科学家，还是希腊学者、美国通讯工程师，他们的解释虽然都各有道理，但均未得到普遍认可，因此，月球为什么能发出辉光，至今仍是个谜。

延　伸　阅　读

　　阿尔芬斯环形山位于月球中部，风暴洋东岸，直径约120公里，环壁高2730米，紧挨在托勒密环形山的南侧。环形山的底部有中央丘，右边有两条像月溪似的裂缝。阿尔芬斯环形山是以西班牙一位热爱天文学的国王阿尔芬斯的名字命名的。

金星上有海洋吗

金星有海洋的猜想

一直以来，人们都认为金星是地球的孪生姐妹。它的大小、质量和密度都与地球相近，有着很厚的大气。现在看来，金星的表面是一片炽热的、没有任何生命的荒原。

关于金星，曾有过许多猜想。有人认为金星的表面是一片汪

洋，有人认为是石油海，天体植物学者则说金星表面适合于生物生存等，真是众说不一。因为它的真面目被厚厚的云层遮盖着，用光学方法无法穿透这块"蒙头纱"，所以真实情况无从知晓。

1982年3月，前苏联行星探测器"金星13号"和"金星14号"的着陆器成功地降落到金星上，对金星表面土壤进行直接化学分析，才迈出了探测金星新的一步。

金星的真实风貌

美国艾姆斯研究中心的科学家波拉克·詹姆斯推断，在很久以前金星上确实有过海洋，可现在，这个海洋已经消失了。

消失的原因可能有多种：一是太阳光把水蒸气离解为氢和氧，氢气由于重量轻而大量脱离金星；二是在金星演化的早期，

内部曾散发出大量的还原气体，这些气体与水相互作用，从而使水分消耗掉；三是从金星内部喷出的炽热岩浆中的铁以及其他化合物与水相互作用，从而使水分消失；四是金星海洋的水本来是来自星球内部的，后来这些海水又循环回到金星地表以下。

有科学家对詹姆斯的这几种推测提出了不同的看法：他们认为詹姆期推测的几种情况在地球上同样也会出现，那么为什么地球上的海洋却没有消失呢？

美国爱阿华大学的弗兰克等

人则认为，金星从来没有过海洋，金星探测器所探测到金星大气层里的少量水分并不是由海洋中蒸发出来的，而是由几十亿年来不断进入大气层的微小彗星核所造成的，因为彗核的主要成分是水冰。

直到探测器发回了全景图像，人们才了解到真相。原来，藏在浓云后面的是一个没有生命的世界。那里温度高达450摄氏度，"金星13号"和"金星14号"探测器测出靠近金星表面的大气层含水蒸气大约不超过0.002％，这就绝对推翻了金星上可能有海的推论。

金星表面没有一滴水珠，甚至连水分子也几乎没有，炽热的大气接触表面岩石，使岩石的化学成分发生改变，通过"金星13

号"和"金星14号"的考察，发现金星上最多的是玄武岩，而且地区不同，成分也不同。

金星上的岩石是什么样的

探测器发回的全景图像表明，金星上的岩石是橙黄色的。那么，这些橙黄色的岩石是由什么组成的？与地球上的岩石有什么区别？这一类问题，从照片上当然不可能得到解答。

在"金星8号"、"金星9号"和"金星10号"探测器的着陆点，通过辐射探测，成功地测出了岩石中所含的放射性元素，就是钾、铀和钍。发现金星上也许存在放射强度与地球上的玄武岩和花岗岩相似的岩石。

金星有含硫的矿石，金星没有冬夏，没有雨雪，非常有可能

是硫的循环造成的。金星厚达25000米的云层可能就是硫酸雨滴组成的。

含硫的气体是二氧化碳行星大气的重要成分，而表面岩层中又含有大量的硫。这究竟是物质循环的环节，还是偶然的巧合？目前还无法下结论。

延 伸 阅 读

美国学者宣称，从"先驱者金星号"所测定的金星土壤的导电性中发现，高原被一层奇怪的导电性特别强的外壳包围着，但只有硫化铁才具有这种特性。

"麦哲伦号"金星探测器发现金星上的尘土细微而轻盈，较易于被吹动，探测表明金星表面确实是有风的，很可能像"季风"那样，时刮时停，有时还会发生大风暴。